EMPEZANDO

I0803713

LOS CAMIONES DE BOMBEROS

MEG GREVE

CREATIVE EDUCATION • CREATIVE PAPERBACKS

ÍND

ICE

VEO UN CAMIÓN DE BOMBEROS.

Oigo al camión de bomberos antes de verlo.

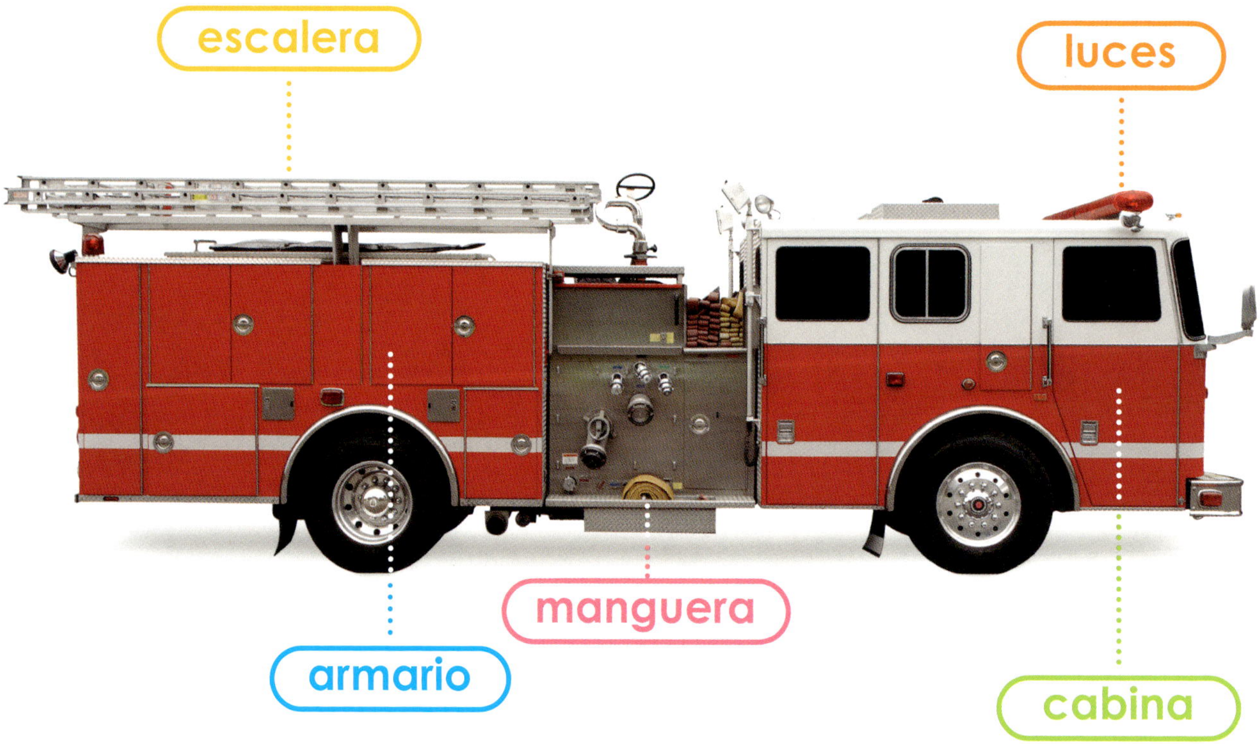

Las luces parpadean. Veo el enorme vehículo rojo apresurarse hacia un incendio.

¡La sirena es muy ruidosa!

Los bomberos usan mangueras para apagar el incendio.

Escucho que alguien grita: «¡Más agua!». Un bombero conecta una manguera a un hidrante.

El hidrante está conectado con una tubería subterránea.

Ya no hay llamas, pero el humo sigue siendo denso. Los bomberos usan máscaras y tanques para respirar.

Los bomberos son valientes. Se aseguran de que todos estén a salvo.

Ya no hay incendio. Se acabó el peligro.

Los bomberos regresan las herramientas al camión. El camión de bomberos regresa a la estación a esperar.

HAZ UN SONIDO

¡UUHII

O, UUUHIIIO!

¿Puedes imitar los sonidos de un camión de bomberos?

Escucha estos sonidos:

https://www.youtube.com/watch?v=RxoqDEcwPAY

¡Ahora te toca a ti!

PALABRAS DE CAMIONES DE BOMBEROS

estación: El edificio donde el camión de bomberos y los bomberos esperan hasta que se les necesita.

hidrante: Un tipo de tubo que está en el suelo y que puede ser conectado a mangueras para obtener agua.

sirena: Algo que hace mucho ruido para dar una advertencia.

vehículo: Un medio para transportar personas y cosas.

F.D.
N.Y.
SP 03009
4

ÍNDICE ALFABÉTICO

PUBLISHED BY CREATIVE EDUCATION AND CREATIVE PAPERBACKS
P.O. Box 227, Mankato, Minnesota 56002
Creative Education and Creative Paperbacks are imprints of The Creative Company
www.thecreativecompany.us

LIBRARY OF CONGRESS CATALOGING-IN-PUBLICATION DATA
Names: Greve, Meg, author.
Title: Los camiones de bomberos / by Meg Greve.
Other titles: Fire trucks. Spanish
Description: Mankato, Minnesota : Creative Education and Creative Paperbacks, [2025] | Series: Empezando | Includes index. | Audience: Ages 4-7 | Audience: Grades K-1 | Summary: "Fire trucks will introduce budding book learners to a noisy, colorful world with this new Starting Out title, in American Spanish. Colorful photos, labeled diagrams, 'Make a Noise' section, glossary, and more ignite a passion for learning"-- Provided by publisher.
Identifiers: LCCN 2024002895 (print) | LCCN 2024002896 (ebook) | ISBN 9798889894476 (library binding) | ISBN 9781682777008 (paperback) | ISBN 9798889894599 (ebook)
Subjects: LCSH: Fire engines--Juvenile literature. | Fire extinction--Juvenile literature. | CYAC: Fire engines. | Fire extinction. | LCGFT: Instructional and educational works.
Classification: LCC TH9372 .G7818 2025 (print) | LCC TH9372 (ebook) | DDC 628.9/259--dc23/eng/20240206
LC record available at https://lccn.loc.gov/2024002895
LC ebook record available at https://lccn.loc.gov/2024002896

DESIGN AND PRODUCTION
Design by Rhea Magaro
Production by Beeline Media and Design
Art direction by Tom Morgan
Translation to Spanish by Base Tres
Printed in the United States of America

PHOTOGRAPHS by Getty Images (ryasick, pixhook, jane), Shutterstock (freestore 839, Rob Wilson, Lucian Coman, Teerapong mahawan, KUSHEI, serhii.suravikin, VesnaArt, Chantal de Bruijne, Wirestock Creators, Bohbeh, Cheryl Casey, CactuSoup)